*Liberi dal dolore…
Viviamo per davvero -
Riconquistiamo la nostra legittima fierezza -
Compiamo grandi cose.*

Ringrazio la FIBROMIALGIA, perché mi ha spinta verso una ricerca straordinaria.

**N.B.: Affinché altri tipi di dolore muscolare non vengano scambiati per fibromialgia, vi prego di trovare conferma della patologia presso un centro di reumatologia.
Dico questo perché altre forme mialgiche richiedono terapie molto diverse.
Questo libro ha uno scopo informativo e non può in alcun modo sostituire diagnosi e cure mediche.**

Se invece il vostro medico vi diagnostica la fibromialgia o i classici acciacchi di vecchiaia… Qui troverete i mezzi per ritrovare il sorriso.

Ho voluto scrivere questo libro perché so bene quanti ostacoli si incontrano, prima di tutto a livello medico.
I medici più ignoranti dicono subito, alle donne, che accusano tutti questi dolori perché vogliono essere

coccolate e quelli più maleducati ci accusano subito d'isteria.
Ho studiato il fenomeno, parlando con molte donne, con molte patologie diverse e approfondendo sia l'approccio allopatico sia quello maschile.
Se io medico (uomo soprattutto) non riesco a capire cosa tu abbia, una volta che mi accerto che tu non sia in pericolo di vita, mi frustro.
Io, medico, mi frustro perché presenti dei sintomi
assurdi, che non corrispondono a quelli che ho studiato.
Sarai quindi ipocondriaca, isterica, trascurata e vieni qua per trovare una mia certificazione ufficiale dei tuoi vaneggiamenti o tormenti che siano, magari per controllare chi ti è vicino.
Ovviamente non tutti i medici arrivano a pensare questo.

Ma dietro ogni medico che pensa che una persona (visibilmente sana di mente e con tanti impegni di vita) ami perdere tanto tempo nelle sale d'attesa e nel suo studio, solo per raccontare tutti i sintomi e le terapie provate; sia lì, a pagamento, solo per farsi considerare… Dovrebbe, quanto meno, rivedere le sue opinioni.

Poi, con la gente…
Vi sembrerà assurdo, ma forse è capitato anche a voi: spiegare alle persone che il vostro braccio vi fa molto male in quel momento e, nonostante questo, gli interlocutori continuano a picchiettarvi proprio lì, nel punto più dolente, con le loro dita nervose, per richiamare la vostra attenzione.
Spieghi loro che ti provocano dolore e ti rispondono che non è possibile, che

non capiscono e che dovreste farvi curare.
Uscire un pomeriggio a passeggiare e, ogni volta che vi fermate per i crampi, sentirvi dire che siete pigri, che loro conoscono un trainer bravissimo che vi rimetterà subito in forma.
Le ho vissute tutte queste circostanze. Ed altre, che non ho nemmeno voglia di ricordare.
Ebbene sì: esistono delle persone che, se non provano lo stesso identico dolore, non riescono a capire di che si tratti.
Per altri è motivo d'imbarazzo, perché il dolore
-sotto qualsiasi veste si presenti-
spaventa sempre.
Altri cercheranno di farvi capire che non siete affidabili quanto loro vorrebbero, perché non esiste che stiate male solo perché fuori diluvia.

Vi comprendo, vi abbraccio con affetto e solidarietà e desidero di tutto cuore aiutarvi a uscire da questa dolorosa malattia.
Vi offro qui tutti i risultati di dodici anni di ricerche e di dolore
sempre più lieve.

Con questo libro…

- Vi fornirò immediatamente tutti i rimedi naturali, i trucchi e gli accorgimenti per lenire SUBITO il dolore, perché quando si sta male - molto male- tutto diventa estremamente faticoso.
E' per questo che ho scelto dei caratteri grandi per la stesura di questo libro, perché mi ricordo bene dello sforzo che dovevo fare per leggere.

- Vi indicherò le terapie di supporto (sempre naturali) più efficaci.

- Spiegherò i meccanismi profondi che generano la malattia e come affrontarli.

Ma prima di tutto voglio rincuorarvi e dirvi che vi comprendo profondamente.
Per ottenere alcuni miglioramenti ho impiegato ANNI !
Poi, a volte, l'avvilimento di non essere creduta.
Oggi i medici riconoscono la patologia;
ma quando mi piombò addosso, dodici anni fa,
mi facevano capire che, per loro, si trattava di isteria.
Soprattutto i maschi, devo dire.
Solo dopo la comparsa di migliaia di casi, prevalentemente femminili

(alcune fonti dicono che il rapporto è di 1 a 8, altre di 1 a 10) e particolarmente diffusi in nord Europa, la classe medica ha rispolverato vecchi testi di medicina, che riportavano casi con sintomi simili già nel 1700 e che definivano la sindrome in maniera molto banale: *fibromialgia*.

C'è bisogno che vi spieghi di che si tratta?

La fibromialgia o sindrome di Atlante (è un nome molto emblematico... Vero? A volte sembra proprio di portarsi tutto il peso del mondo addosso)
si può associare talvolta alla:

sindrome da fatica cronica e/o sindrome di multi-sensibilità chimica.

Quest'ultima sindrome (non ancora riconosciuta a livello internazionale come vera e propria patologia) spiega benissimo perché sia così difficile trovare il rimedio giusto al dolore.
Devo precisare che esistono molte forme della malattia e molti livelli di gravità.
Ho letto trattati medici che consigliano addirittura diversi tipi di interventi chirurgici.
Il primo tipo che lessi consigliava il raschiamento delle vertebre corrispondenti alla zona del dolore.
Il chirurgo garantiva l'efficacia dell'intervento.
Sinceramente: solo l'idea mi terrorizzava;
forse perché mi si è scatenata la fibromialgia proprio dopo un intervento chirurgico.

Ma ogni caso è a sé: ciascuno deve sentirsi libero di agire
(e reagire) come sente meglio.
Esistono anche altri tipi d'intervento.
Se non ho capito male, si va ad operare proprio i muscoli più dolenti.
Ho solo notizie per interposta persona, ma pare che la paziente in questione sia abbastanza soddisfatta dei risultati.
La degenza post operatoria è lunga; e i risultati non sono univoci.
Si opera soltanto una parte del corpo per volta.
Prima un solo braccio, poi l'altro; per poi passare a una gamba.
Ovviamente, in casi estremi che forse rasentano anche altre patologie, ognuno deve fare il possibile per stare bene.
Durante le ricerche ho visto pubblicità di cliniche statunitensi garantire la guarigione totale dalla fibromialgia

(con un breve ricovero, alla modica cifra di 20000 dollari;
altri fino a 40000 dollari).
Non ho avuto il coraggio di chiedere informazioni.

Torniamo al tipo di fibromialgia più comune;
doloroso, talvolta molto doloroso, ma non totalmente invalidante come nel caso appena citato.
Non credo abbiate voglia di risentire tutti i sintomi e le conseguenze... Ma per escludere fraintendimenti:
dolore ovunque, che va a momenti o a giorni;
peggiora durante il ciclo, con la pioggia, con il freddo, con l'umidità o con un qualsiasi tipo di movimento improvviso. Svegliarsi in piena notte per il dolore, più stanchi di quando si è andati a dormire e rimanere senza fiato per le fitte improvvise.

Si perde almeno un terzo delle proprie energie soltanto per cercare di sopportare il dolore.
Stirare risulta particolarmente doloroso e molti me lo hanno confermato.

Le cause? La medicina tradizionale, che non conosce le cause specifiche, ipotizza:

- problema allergico
- problema autoimmune
- disbiosi intestinale
- stress emozionale
- infezioni (virali, batteriche, parassitarie)
- deficit nutrizionali
- fattori tossici (metalli pesanti, pesticidi…)
- traumi (fisici, psicologici, emotivi).

Molti medici vi diranno subito che è dovuto al vostro sovrappeso (ho delle

amiche che, pur essendo delle "silfidi", soffrono ugualmente di dolori, purtroppo;
i chili in più non sono una causa fondamentale).

Sembrano le stesse cause responsabili di qualche centinaio di malattie.
Beh… *Oltre ai motivi fondamentali che spiegherò in seguito*, devo dire che le ricerche che ho condotto, mi portano verso un co-fattore ORMONALE.
Ho appena finito di leggere un altro libro sull'***ipotiroidismo,***
che dedica un capitolo intero alla fibromialgia.
("Ipotiroidismo, un'emergenza ignorata" di Raul Vergini – Macro Edizioni).
L'autore spiega che almeno il 50/60% dei pazienti che soffrono di fibromialgia, soffrono anche di ipotiroidismo clinicamente accertato.

Paradosso nel paradosso, leggendo il foglietto illustrativo dell'ormone tiroideo che viene somministrato in caso di ipotiroidismo si legge, tra gli effetti collaterali:

dolore muscolare.

Continuiamo il nostro viaggio ormonale:
qual'è uno dei sintomi più frequenti del ciclo mestruale?
IL DOLORE MUSCOLARE.
Pare siano le prostaglandine, ormoni deputati all'espulsione dell'endometrio attraverso contrazioni uterine (anche l'utero è un muscolo), le responsabili dei crampi.
Molte donne provano sollievo assumendo magnesio a cavallo del ciclo.
Però le contrazioni muscolari aumentano notevolmente in caso di

dismenorrea (molto più diffusa di quanto non si creda).
Il problema vero è che, ancor'oggi, misurare con buona certezza il livello ormonale di una persona è difficile.
Le variazioni dei livelli possono essere molto veloci.
Ricordo i discorsi nella sala d'attesa di un luminare della ginecologia, osannato perché ha aiutato centinaia di donne a concepire, quando era stato loro detto che era impossibile.
Il grande medico faceva dormire le donne presso un centro di analisi e i prelievi per la misurazione della prolattina venivano fatti di notte, momento in cui il valore è più soggetto a sbalzi.
I nostri valori ormonali possono variare nel giro di pochissimo; basta un rumore improvviso, un odore nauseabondo, un litigio o una brutta notizia.

Per fortuna Madre Natura è immensa e generosa, e tenta di riequilibrare sempre il più possibile;
ma dobbiamo tenere presente che un continuo accumularsi di tensioni, dispiaceri, sbalzi, shock, traumi…
Purtroppo
-in qualche modo- vanno a ledere persino la roccia.

Se a questo aggiungiamo inoltre -
PERDONATE L'INCISO -
i medici, che osano dire:

"E' impossibile che lei guarisca!"

…La malattia viene in quel momento definitivamente conclamata.
Non hanno idea dei terribili danni che causano ai pazienti.
Decretare una condanna, soprattutto nei casi ancora allo studio, significa stroncare o quantomeno diminuire le

capacità di auto guarigione dei pazienti.
Lo sapete, vero, che esistono casi di regressione spontanea persino dei tumori maligni ?
Proprio così; e sono anche documentati.
Quindi partiamo dal presupposto che **molto è possibile**.

Torniamo agli ormoni: sono dei messaggeri che inviano delle istruzioni al nostro magnifico corpo.
Dicono ai nostri organi quando "mettersi in moto", quando devono fermarsi e quando devono rimanere in standby. Tutto questo per creare un'omeostasi perfetta, che ci permette di vivere, di scalare le montagne, di pensare,
di avvertire la fame al momento giusto, di riposare; senza alcun intervento cosciente da parte nostra.

L'impasse e, insieme, il miracolo, consistono nel fatto che i livelli ormonali variano nel giro di pochissimo, proprio perché sovrintendono il laboratorio più immenso del mondo:
 il nostro corpo.
Variano in base a moltissimi fattori, anche agli stimoli esterni.
I suoni e gli odori interagiscono direttamente con il nostro sistema limbico (la parte più antica del cervello) e scatenano la produzione di adrenalina.
Appena avvertiamo odore di fumo, di bruciato o un rumore improvviso e insolito, il nostro sistema limbico ci allerta, perché dobbiamo accertarci di non essere in pericolo.
Ogni tipo di odore, puzza, profumo, melodia, rumoraccio o baccano, scatena reazioni ormonali diverse;

presupposti fondamentali sia per l'aromaterapia che per la musicoterapia.
Un buon controllo generale dell'asse ormonale è davvero raccomandabile.
Scusatemi, signori uomini...
Ovviamente mi riferisco anche a voi sebbene, per fortuna, siate molto meno colpiti dalla sindrome.
Gli uomini ne sono meno colpiti, non solo perché hanno meno sbalzi ormonali ma, soprattutto, perché hanno un modo geneticamente, costituzionalmente e culturalmente diverso di vedere e di reagire alla vita.
Esiste un libro bellissimo, che consiglio a chiunque di leggere perché aiuta molto nella conoscenza di sé e della vita di coppia:
"Perché le donne non sanno leggere le cartine e gli uomini non si fermano mai a chiedere", di Barbara e Allan Pease.

Spiega proprio le differenze fisiche a livello celebrale tra uomo e donna, le predisposizioni diverse, le differenze del campo visivo; l'influenza, ancora presente in noi, della vita nelle caverne e molto altro ancora.

Di fronte a tutte queste diversità, possiamo capire meglio perché uomini e donne reagiscono in maniera differente.

Solo per fare un piccolo esempio: avrete notato che gli uomini generalmente sfogano immediatamente la loro rabbia, mentre vediamo molte donne che cercano subito di calmarli.

Il paradosso è che spesso entrambi potrebbero essere arrabbiati per lo stesso motivo.

Riprenderemo l'argomento rabbia nella seconda parte del libro.

Per ora vi invito soltanto a riflettere sul fatto che gli uomini si sfogano, mentre le donne cercano spesso di acquietare le situazioni.

Altro fattore sembra possa essere, l'intolleranza alimentare.
La reazione del nostro corpo verso determinati cibi o verso la loro preparazione, scatena un continuo stato infiammatorio, che porta lentamente e silenziosamente a diverse malattie, tra cui la fibromialgia.
Se questo punto risvegliasse in voi il desiderio di indagare, potete effettuare i test per le intolleranze alimentari.
Tutti sono intolleranti a qualcosa, sempre.
Non ho mai sentito nessuno dire che può mangiare tutto ciò che desidera.
L'unico fattore di maggior interesse è individuare se c'è un alimento che vi provoca forti reazioni.

Alcuni sostengono che le pastiglie di *curcuma* aiutino molto, anche per gli stati infiammatori che derivano dalle intolleranze.
Ovviamente, dovete assolutamente parlarne col vostro medico di fiducia.

Sfortunatamente, la sindrome sta colpendo ragazze sempre più giovani e, talvolta, si associa all'anoressia.
Non occorre nemmeno commentare il livello di dolore, soprattutto interiore, che provano queste ragazze.

COME SI MANIFESTA?

In molti modi.
Apparentemente di colpo, com'è capitato a me,
subito dopo un intervento chirurgico o, come a molti altri, dopo un incidente d'auto.

Si è indotti, in questi casi, a presupporre che sia facile individuarne la causa: **errato**.
Non basta curare solo il trauma fisico in questione.
E' raro che sia un solo trauma, per quanto grave, a scatenare tutto il processo.
Sebbene, ovviamente, non sia da escludere.
Alcuni medici spiegano che l'incidente genera una sorta di usura dei legamenti o delle giunture in questione.
Certo bene non fa, ma una ventenne, sana,
dovrebbe potersene dimenticare in poco tempo.
L'intervento, l'incidente, il trauma scatenano di colpo un processo, talvolta anche lievissimo, già in essere.

Può manifestarsi in crescendo, o con episodi che tendono a ravvicinarsi sempre più.
Spero non vi sia capitato, ma la vita porta con sé anche quest'esperienza: il lutto.
Come vi siete sentiti, la mattina dopo? Non so voi, ma a me sembrava d'essere stata picchiata da uno squadrone di commandos.
Il dolore, il dispiacere impedisce di riposare per lungo tempo.
Ci si sveglia più stanchi, la mattina, di quando si è andati a dormire.
Si ha la sensazione fisica che manchi una parte di se stessi. Col tempo le cose lentamente migliorano, ma qualcosa è cambiato e non riusciamo più a trovare l'energia di un tempo.
Per alcune persone, un dolore simile può segnare l'inizio della fibromialgia.
Nelle mie lunghe nottate di ricerca in rete, ricordo d'aver trovato una

dichiarazione molto forte di un terapeuta,
che definiva i fibromialgici come dei disadattati alla società.
Proseguiva, in quel che sembrava più uno sfogo che una diagnosi, che questo tipo di persone adottano la fibromialgia per preservarsi da malattie più gravi e che spesso sono totalmente inconsapevoli delle loro ansie, paure, fragilità e fobie.
Sono solo sparate di un terapeuta che avrebbe fatto meglio a fare il pugile?
Non posso dire di no.
L'esposizione è dura, offensiva; forse, non ben centrata.
Ma, sotto certi aspetti, contiene un minimo di verità.
Ognuno di noi ha reazioni e risorse molto diverse, che variano a secondo dei momenti della vita.
Se ve la sentite, vi prego di rispondere al seguente questionario in tutta

sincerità: cercherò di spiegarvi in seguito tutti i significati di queste domande.
N.B.: Non è un test psicologico, serve soltanto a individuare... Ve lo spiegherò dopo che avrete risposto alle domande.

QUESTIONARIO

1) Che impressione avete del mondo esterno?

2) Come sono i vostri rapporti in famiglia ?

3) Come sono i vostri rapporti con il prossimo ?

4) Siete soddisfatti della vita che conducete?

5) Avete una buona opinione di voi stessi?

6) Vi sentite amati o quantomeno accettati dagli altri?

7) Vi sentite protetti?

8) Avete la fiducia necessaria che vi permette di sperare in un futuro migliore?

9) Sentite di essere in grado di affrontare tutte le richieste e gli impegni che la vita impone?

10) Confidate nelle vostre capacità di sopportare e di superare i dispiaceri della vita?

11) Avete subito una grande perdita affettiva? Lutto, separazione o litigio distruttivo?

12) Avete subito altre gravi perdite? Finanziarie o altre?

Queste domande hanno soprattutto lo scopo, in questa sede, di permettervi di individuare le questioni che vi tengono a un qualche livello, conscio o inconscio, in continua allerta.
Con una qualche ansia, preoccupazione o timore in un meandro della mente, la muscolatura rimane sempre tesa; perché, in queste condizioni, il sistema simpatico lavora molto più del sistema parasimpatico. Non si trova quasi mai il livello di rilassamento che permetta al sistema parasimpatico di farvi fruire del giusto sonno ristoratore; di respirare a pieni polmoni, sciogliendo quella terribile tensione al collo e alle spalle.
Ci si sente, in qualche modo, sempre un po' contratti e ripiegati in se stessi. E' difficile vedere una persona con dolori muscolari camminare con un portamento eretto e aperto.

La muscolatura è sempre tesa, per scattare in qualsiasi momento nella trincea della vita.
E' l'armatura auto costruita senza nemmeno rendersene conto.
Questa continua mancanza di vero riposo porta a sentirsi sempre stanchi e ad avere problemi di insonnia.
Più precisamente, un sonno continuamente spezzato.
Ci si sveglia perché il dolore al braccio o alla schiena è troppo forte e bisogna cambiare posizione.
Difficile riaddormentarsi subito e la notte non può regalarci il giusto riposo.

Credo sia molto difficile che un fibromialgico possa rispondere positivamente, a tutte le domande.
Probabilmente nessuno può.
Ma una parte dell'umanità nasce con delle difese,

genetiche o psicologiche, già collaudate;
oppure instaura uno stile di vita che permette di rimanere abbastanza in armonia; magari continuamente concentrati su un obiettivo da raggiungere.
Per mia esperienza personale, solo una piccolissima percentuale di persone è "inguaribilmente" ottimista e positiva di fronte a qualsiasi esperienza.
Un'altra categoria di esseri umani pare nemmeno accorgersi dei disagi del mondo; mentre gli altri, che sono in costante aumento –purtroppo- si ammalano di fibromialgia o di un'altra patologia; oppure risolvono i *sintomi* del problema con aiuti esterni.
Quante persone vedo prendere antidolorifici potenti, ogni giorno, come se nulla fosse.
Oltre al pericolo dell'assuefazione, che richiederebbe dosaggi ancora più forti,

ci si intossica tutto l'organismo. Ripeto: alcune persone sopportano benissimo per anni tutti gli effetti collaterali di questi farmaci;
altri soffrono di mal di stomaco già dal terzo giorno.
L'antidolorifico è ovviamente la prima e la più abituale delle risorse esterne.
In altri casi le persone assumono "rimedi" ben diversi.
Le statistiche parlano dell'un per cento di tossicodipendenti in Italia, più di un milione e mezzo di alcolizzati conclamati (con più di nove milioni a rischio) e il numero delle persone che usano psicofarmaci è in allarmante crescita, soprattutto tra i bambini.

Scopriremo, passo dopo passo, come integrare le risorse per superare il dolore; senza dover ricorrere a farmaci o altri rimedi non positivi per la nostra salute.

So che a qualcuno di voi sarà capitato (come vi capisco…) di sentirsi etichettato come ipersensibile o addirittura come un pelandrone; che non ha voglia di lavorare, di agire.
E si nasconde dietro questa malattia dai toni fumosi, come le persone affette dalla sindrome di affaticamento cronico. Ottimo sostegno, vero?
Poi magari queste stesse persone giurano d'averlo detto solo per scuoterci.
Certo… Uno è già teso fino allo spasmo e quindi la cosa migliore da fare è scuoterlo…
Anch'io intendo scuotervi, ma con grande cognizione di causa, rispetto e solidarietà, perché so molto bene di che si tratta.
E' difficile che chi soffre di fibromialgia sia una persona insensibile, poco attenta agli accadimenti del mondo

e/o del proprio nucleo, personale o famigliare.
Ognuno di noi è un microcosmo, un piccolo mondo a sé stante che deve, per la natura stessa dell'esistenza, interagire continuamente con un'infinità di altri mondi.

La stragrande maggioranza dichiara che questo mondo è colmo d'ingiustizia, di odio, di aggressività, di violenza, di fame in molti sensi;
di follia, di spazzatura fisica, mentale, emotiva, sessuale e tronco qui l'elenco.
Qualcuno, magari anche saggio, risponde che questa è la vita e che va presa per quel che è.
Ha solo un po' di ragione; poca, secondo me.
Come avrete letto nel ringraziamento all'inizio, invito all'accettazione.

Qualsiasi cosa sia accaduta, o continui a sussistere va accettata.
Questo non implica in alcun modo la rassegnazione. L'accettazione è necessaria per arrivare a quel minimo di distacco che svela le soluzioni; la rassegnazione, invece, conduce allo sfacelo.
Occorre arrivare a un colloquio interiore sereno con se stessi.
Chi vuole, almeno per un breve periodo, può avvalersi della psicoterapia per cercare di capire cosa ci spaventa così tanto da rimanere sempre in allarme.
All'ospedale presso il quale mi rivolsi per una diagnosi precisa e finalmente trovare una collocazione a tutti i sintomi apparentemente assurdi che provavo, tenevano dei corsi di training autogeno, con buoni risultati.
La gentilissima dottoressa mi consigliò la meditazione.

Ma di questo parlerò nella seconda parte di questo libro.

I RIMEDI NATURALI E GLI ACCORGIMENTI PER LENIRE SUBITO IL DOLORE.

Insisto sui rimedi naturali, perché non dobbiamo correre il rischio di assuefazione agli antidolorifici e/o miorilassanti.

Sembrano meno efficaci, in un primo momento; ma conducono verso la guarigione.

Ovviamente non possiamo assolutamente ignorare il fatto che fattori di stress, processi mentali distruttivi, shock, traumi generano dei

notevoli mutamenti a livello biochimico nel nostro organismo.
Il circolo diventa vizioso proprio perché queste variazioni ormonali, chimiche e altro, ci inducono a permanere nello stesso stato;
il che, a sua volta, ingenera ancora più alterazioni.
Anche per questo motivo è bene aiutarsi con rimedi naturali.

<u>Fase acuta:</u>

- Doccia molto calda e prolungata.
In alcuni casi di infiammazione particolarmente forte,
per alcune zone del corpo -la testa, in particolar modo- impacchi di acqua fredda, oppure di aceto.
- Riscaldare bene l'ambiente dove si soggiorna e coprire molto bene le zone interessate.

- Massaggiare (molto delicatamente) le parti indolenzite con olio essenziale di MENTA.
Lo sciroppo di menta con un po' d'acqua calda è un ottimo rimedio per la nausea provocata dai forti mal di testa: solitamente si prova sollievo già dopo i primi sorsi.

Oppure:

- Applicare dei quarzi ialini (cristalli naturali) sulla parte,
per almeno venti minuti.
Ciò significa anche prendersi venti minuti di riposo, sdraiati: ottimo per *mettere in pratica alcune delle tecniche che spiegherò*.
- L'ematite è anche un valido anti infiammatorio.
Indossare collane di queste pietre aiuta molto;

anche mettere due pietre burattate (sono pietre stondate e levigate) tra i denti e le guance, una per lato, allevia subito la tensione mandibolare.
Dopo ogni uso, i cristalli vanno lasciati per una notte in acqua salata e posti poi per almeno dieci secondi sotto il getto dell'acqua corrente, per mantenere il loro potere curativo.
Il mondo della cristalloterapia meriterebbe più spazio ma,
se vi interessa conoscere un po' di più le potenzialità dei gioielli che indossate, potrete trovare molte indicazioni in internet sul loro uso terapeutico.

Oppure:

- Impacchi di sale caldo, soprattutto per la zona cervicale e lombare.
Si scalda un kg circa di sale grosso in padella e lo si pone in un panno

abbastanza grande da potervi avvolgere più volte il sale; lo si annoda intorno al collo o al bacino, e lo si lascia finché non si raffredda.
Molto utile anche d'inverno sulla zona lombare, in caso di raffreddore.

Oppure:

- (Trovare un angolo dove sia possibile farlo)
Urlare con tutta la voce che avete.
Vi garantisco che mi ha aiutata moltissimo.
In seguito vi segnalerò anche le frasi da usare, ma per il momento vi bisbiglio che un bel vaffa produce già ottimi effetti.
D'accordo, qualcuno di voi penserà che io sia un po' bizzarra ma, riflettete: la contrattura è un sovraccarico di tensione... Quale sfogo immediato migliore?

Oppure, ma più raramente:

- I cannelli di zolfo possono essere efficaci.

Talvolta, la nostra amica fibromialgia si presenta sotto forma di contrattura; altre volte come dolore pulsante, dolore migrante; altre come dolore fisso che non intende ragioni e altre volte ancora come stilettate improvvise appena ci si muove.

Ognuno deve sperimentare, all'inizio, il rimedio più consono a sé per i TIPI di dolore che prova in quel momento; perché è raro, ch'io sappia, che proviate un solo tipo di dolore.

Quando il dolore è troppo forte, troppo diffuso e troppo prolungato (lo so), prima di arrivare al punto di svolta che vi indicherò, ci vuole un antidolorifico per poter nuovamente vivere, ma cercate di fare attenzione al tipo che scegliete.

L'IBUPROFENE è da preferirsi.
E' stato studiato appositamente per dolori di tipo cronico ed è molto più facilmente eliminabile dall'organismo rispetto ad altri antidolorifici.
Alcuni ne abusano un po'(comprendo benissimo il motivo, perché so quanto sia snervante sopportare dolore su dolore continuamente; quanto logori i nervi e quanta ansia inconscia e conscia ne derivi), ma vi prego di fare più attenzione e di ricorrere il meno possibile agli antidolorifici e/o miorilassanti. Sapete benissimo che, dopo un po' di tempo, funzionano sempre meno.

Intanto ci si intossica sempre più, cosa che a sua volta aumenta i dolori; i mal di testa, soprattutto.
Se il dolore è localizzato, a volte, può bastare una pomata antidolorifica. Personalmente ho trovato efficace quella a base di:
tiocolchicoside ed escina.

Ma per diminuire subito gli episodi di dolore acuto, si può:

Prima di procedere, devo fare subito un inciso.
Il metodo che vi indicherò potrà funzionare subito, come può richiedere un po' di tempo.
Esiste anche l'eventualità che qualche lettore, in questa stagione della sua vita, possa trovarlo impegnativo da un punto di vista personale.
Siccome desidero che tutti possano trarre beneficio da questo libro, indico

comunque degli strumenti che oggettivamente aiutano molto.
Il concetto di guarigione, come d'altronde molti altri concetti nella vita, può manifestarsi in modi diversi.
Può anche essere che bastino addirittura solo le indicazioni che sto per elencarvi, per scongiurare il dolore penalizzante.

- Fare un ciclo di MSM – *Metil Sulfonil Metano* - (chiedere conferma al proprio medico ed evitare in caso di allergia allo zolfo).
Esistono delle capsule dal nome emblematico, che oltre a questa particolare forma di zolfo (MSM), contengono anche: Glucosamina, Condroitin S., Manganese, Aloe Vera e Artiglio del Diavolo.
L'assunzione iniziale di un paio di confezioni (non più di due capsule al

giorno) e sotto controllo medico, lenisce veramente i dolori.
Subito dopo questa terapia, ho potuto ridurre notevolmente l'assunzione di antidolorifici.
Questo prodotto esiste anche in forma liquida e in cerotti da applicare sulla zona dolente.
Mi trovo meglio con le capsule, anche perché il MSM -assunto per via orale- aiuta il riequilibrio di tutto il tessuto connettivale, liberandolo da scorie nocive grazie alla capacità dello zolfo di spezzare alcune catene molecolari pesanti.
Dopo le prime due confezioni, si assumeranno le capsule ai primi segnali di dolore.
Il Metil Sulfonil Metano aiuta anche in diverse altre affezioni.
Pare sia molto efficace anche in caso di raffreddore cronico ma, ripeto,

consultate sempre il vostro medico di fiducia.

- Volevo comprare il nuovo tipo di materasso "memory", ma non potevo fare tanti cambiamenti e spese in quel momento. Poi ho scoperto il sovra materasso memory, in vendita per corrispondenza... FANTASTICO!
Si infila sotto al lenzuolo dalla propria parte del letto (è per una piazza) e finalmente si prova un rilassamento incredibile. Sembra di dormire su una nuvola.
Costa circa 70 euro, può essere posizionato dove si vuole, ed è facilmente trasportabile.
Consiglio anche il materasso, ovviamente.

- Indossare un capello di lana d'inverno e fare quanta più attenzione possibile all'umidità, al vento e al freddo.

- Procurarsi una poltrona e/o uno sgabello da computer ergonomici: aiutano veramente il rilassamento muscolare.

- Indossare il nuovo tipo di scarpe, più basse dietro rispetto alla punta.
Sono davvero preziose per la schiena.

- Un ciclo di vitamine e oligoelementi, almeno una volta l'anno e magari due durante il primo.
Sapete quanto sia importante il magnesio per il sistema nervoso, e il gruppo vitaminico B per scongiurare le infiammazioni muscolari.
Alcuni medici indicano anche lo zinco, il rame e lo iodio. Personalmente consiglio di monitorare anche il livello

di ferro, che aiuta l'ossigenazione dei tessuti.

Anche in questo caso consultatevi con il vostro medico e lasciate perdere la storia che le vitamine possono far ingrassare: il giovamento vi porterà a muovervi molto di più. Assicuratevi che ci sia anche la vitamina D, se non avete la possibilità di esporvi regolarmente al sole.

La melatonina?

Provate: all'inizio sembra dare più benefici; ma dopo un breve lasso di tempo, a qualcuno può provocare l'effetto contrario.

- Andare al mare d'estate.

Molte persone ricevono beneficio dai soggiorni marini, per tutta una serie di motivi.

Solo al mare si può inalare lo iodio (benefico per la tiroide, ma anche per

la nostra causa) nel modo più adatto al nostro organismo.
Sedersi sul bagnasciuga (di un mare pulito, ovviamente) e inalare le minuscole particelle di acqua marina è una delle pratiche più benefiche per il nostro corpo e il nostro spirito.
Nuotare in acqua di mare con un bel sole, che ci scalda la pelle e le ossa, permette l'osmosi cellulare.
Le cellule rilasciano lentamente i liquidi e gli oligoelementi in eccesso e, al contempo, assorbono ciò che può essere carente.
E' uno dei principi della balneoterapia. Non occorre spiegare quanto sia benefico questo processo: mi limito ad aggiungere che ogni muscolo in acqua viene dolcemente massaggiato.
Magari fosse possibile ottenere lo stesso beneficio in piscina! Nemmeno le piscine d'acqua termale riescono a

fare lo stesso; soprattutto perché viene a mancare un fattore determinante: il sole.
D'inverno, poi, è uno strazio.
Devi lavarti, prima di entrare nella maggior parte delle piscine; attraversare dei corridoi pieni di spifferi, sopportare il caos e poi uscire al freddo con i capelli ancora umidi, mettersi in macchina e sopportare il traffico.
Sinceramente, per me è più lo stress che il vantaggio.

- I Massaggi.
Attenzione: quante volte sono tornata a casa molto più indolenzita di prima... E il dolore si è protratto per giorni e giorni!
Rivolgetevi soltanto a dei professionisti: la preparazione di un bravo OSTEOPATA qualificato può aiutare molto.

I massaggi che maggiormente possono aiutare, SECONDO LA MIA ESPERIENZA PERSONALE, sono:

- il massaggio connettivale –
che drena il tessuto connettivo.
Se riuscite a toccarvi le vertebre nelle zone più dolenti, potrete notare che spesso si formano come delle piccole "bugne".
Con questo tipo di massaggio è possibile scioglierle immediatamente e sentire subito sollievo.

- il cranio sacrale –
che aiuta il corpo a ritrovare il proprio equilibrio.

So che vengono consigliati anche altri tipi di massaggio,
ma solo di questi ho esperienza.
Ho sentito parlar bene del massaggio Tuina.

Non sempre lo stesso tipo di trattamento dà lo stesso risultato, e non sempre dà beneficio.
Purtroppo già sapete quanto sia bizzarra
-e talvolta persino capricciosa- questa malattia.

- Esiste un altro tipo di massaggio, che sembra più un trattamento estetico, in realtà, ma vi garantisco che mi ha dato sempre non solo sollievo, ma addirittura benessere per qualche giorno.
E' semplicissimo: occorrono una ciotola, due manciate di sale grosso marino integrale e olio d'oliva.
Massaggiate l'impasto su tutto il corpo, prima della doccia:
è straordinario!
Stimola tutta la microcircolazione.
Vedrete la pelle arrossarsi un po' e proverete una sensazione di calore.

Controindicazioni?
Dover pulire la vasca o il piatto doccia, subito dopo;
e il rischio di micrograffi sullo smalto del sanitario.

- Vi sembrerà bizzarro: la mia naturopata e il mio agopuntore mi applicavano le VENTOSE.
Molti si chiederanno di che si tratti.
Vanno fatte sulla schiena, nei punti dolenti, da una persona con un minimo d'esperienza.
I metodi variano leggermente ma, di base, si tratta di incendiare un piccolo pezzetto di carta, infilarlo in un bicchiere e posizionare velocemente lo stesso sul punto dolorante della schiena.
Il vuoto d'aria, provocato dalla combustione che ha bruciato l'ossigeno, provocherà l'effetto ventosa.

La pelle verrà, in parte, risucchiata nel bicchiere.
All'inizio si prova un po' di dolore, ma dopo alcuni secondi si calma.
Poi -con la giusta attenzione, ma in modo deciso- si stacca il bicchiere.
Questo trattamento è valido anche per i casi di dolore veramente forte.
In un caso, mi aiutò molto più degli antidolorifici del pronto soccorso: quella volta ebbi un attacco talmente violento da non riuscire più a camminare.
La flebo di antidolorifici servì, più che altro, a rintronarmi:
furono le Ventose a sbloccare la situazione.
Occorre però un minimo d'esperienza, per farle.
Un medico italiano adotta questo sistema usando un macchinario che crea l'effetto ventosa e garantisce di

curare la fibromialgia: in rete, troverete le foto del macchinario.

- Ginnastica.
A parte il nuotare in mare, ogni sorta di ginnastica mi ha riservato le sorprese più strane.
Persino lo yoga.
Prima di ammalarmi, ho praticato yoga per un decennio:
ero talmente elastica che mi arrotolavo come una pallina di pongo.
Da bimba ho praticato la danza classica e, poco prima dell'intervento alla tiroide (ultimo fattore scatenante della fibromialgia), praticavo escursioni sui sentieri delle 5 Terre.
Ero sempre stata una donna fisicamente forte:
riuscivo benissimo a sollevare persino 50 kg.

Potete immaginare il mio sconforto e il mio sgomento, quando mi cadeva il bicchiere dalle mani,
i primi mesi dopo l'operazione.

L'unica ginnastica che mi sento di consigliarvi, oltre a una dolce nuotata in mare, sono gli esercizi che trovate sul sito:
www.nomalditesta.com .
Con quelli, sono sicura che non avrete brutte conseguenze.

Talvolta, ho trovato molto aiuto anche nella danza:
quella del ventre, soprattutto.
Credo sia merito della musica e del momento di vera auto espressione: in questo senso, da viversi anche da sole.

- Vi sembrerà quantomeno curioso, ma alcuni tipi di musica attenuano il

dolore; anzi: se siamo noi a suonare lo strumento, l'efficacia è moltiplicata.
Il suono delle campane tibetane è tra i più potenti.
Chiunque può usarle e, in commercio, ne esistono di vari tipi e misure.
Alcune sono composte da una lega di sette metalli, tra cui l'oro.
In origine, erano le ciotole da cui mangiavano i monaci: lavate le ciotole, le suonavano con un bastoncino di legno.

Vengono condotti molti seminari sul potere curativo del suono; ma si può sempre iniziare con un semplice cd, da ascoltare in relax.

- Soprattutto dopo momenti di grande fatica (le pulizie di primavera o dopo aver fatto la spesa "grossa" al supermercato) indossare un collare ortopedico -detraibile dalle tasse, fra

l'altro- aiuta il rilassamento di tutta la zona del collo e delle spalle.
Solitamente basta tenerlo un'ora, per sentirsi meglio.

- Per questo punto, vi prego di chiedere consiglio al vostro medico di famiglia o, meglio ancora, al vostro naturopata di fiducia: Rafforzare le difese immunitarie.
Lo stress abbassa le difese...
E cosa c'è al mondo di più stressante del dolore continuo?
Si rischia l'innesco di un processo vizioso.

Il nostro organismo ospita e nutre (e noi che credevamo di essere all'apice della catena alimentare!)
milioni di germi, batteri, parassiti, funghi, virus.
Alcuni ci sono necessari, soprattutto nell'intestino per permettere la

digestione; ma altri -che spesso hanno un istinto di sopravvivenza superiore al nostro- continuano a nutrirsi di noi, cercando di passare inosservati.
Alcuni di essi non provocano manifestazioni fisiche precise al nostro corpo; come, per esempio, la febbre. Tanti batteri, germi, parassiti, funghi, virus continuano la loro esistenza indisturbati, perché noi avvertiamo magari solo un leggero affaticamento; che attribuiamo al cambio di stagione, al lavoro o a un vicino antipatico.
Esistono diversi rimedi per fare un ripulisti periodico dell'organismo, ma –*ripeto- fatevi consigliare.*

Diverse le possibilità:
possiamo accertarci di assumere abbastanza vitamina C; fare un ciclo di oscillococcinum (prodotto omeopatico da banco); prendere la tintura madre di foglie d'olivo;

usare lo zapper.
Per quanto riguarda lo zapper, troverete ampie spiegazioni in rete.
Si tratta di una macchinetta che rilascia delle micro scosse elettriche: "fulmina" gli ospiti sgraditi.
Personalmente, trovo che il suo utilizzo sia più efficace alla comparsa dei primi sintomi del disagio: di un raffreddore, ad esempio.
Utilizzarlo subito, quindi: alle prime avvisaglie.
E' anche abbastanza comodo: lo si può fare mentre si guarda un film; e può scongiurare un raffreddore o un'influenza.
I sostenitori convinti arrivano a dichiarare che lo zapper può ben altro; ma credo sia presto per dirlo: fate voi le vostre valutazioni.
Lo consiglio perché lo trovo un valido sostegno a qualsiasi tipo di terapia; perché sono sicura che esistano molti

più pestiferi ospiti nocivi di quanto si creda.
Questa ricerca medica andrebbe sviluppata maggiormente, sebbene ci siano già stati molti progressi.
Ovviamente, chiunque abbia dei problemi particolari -come una valvola meccanica per il cuore o altro- non può usarlo.

- La Floriterapia di Bach.

I Fiori di Bach, per fortuna, iniziano a essere conosciuti da molti.
Sono uno splendido sostegno in molte circostanze della vita e aiutano nella propria evoluzione personale.
Se provate un minimo di interesse sul concetto di guarigione del Dott. Bach, la lettura di qualche testo sui fiori potrebbe giovare in molti modi.
Il loro utilizzo è semplice come bere un bicchiere d'acqua, non hanno alcun

effetto collaterale e non interferiscono (anzi) con eventuali terapie in corso. Basta prendere 2 gocce dal boccettino originale (in vendita nelle erboristerie o nelle farmacie omeopatiche) e versarle in un bicchiere d'acqua.
L'acqua va poi sorseggiata lentamente a più riprese. Altrimenti potete richiedere la preparazione della soluzione e assumerne almeno 4 gocce, 4 volte al giorno.
La soluzione più economica è quella di comprare in farmacia, assieme al rimedio, un boccettino da 30ml con il contagocce; riempirlo con ¾ di acqua minerale e ¼ di BRANDY (nessun altro tipo di superalcolico) e aggiungere 2 gocce del rimedio (a eccezione del Rescue Remedy, la cui dose è di 4 gocce).
In questo modo, iniziate una vera e propria terapia.

Ci sarebbe molto di più da dire, ma non è il tema principale di questo libro. Insegno, tra le altre cose, floriterapia da anni e, purtroppo, in internet ho visto commenti appropriati ed altri molto meno.
Un bravo erborista può consigliarvi nella scelta.
Per ora, mi limito a indicare i rimedi più utilizzati in caso di fibromialgia:

1) Il RESCUE REMEDY, rimedio di pronto soccorso.
Consiglio a tutti di averlo a portata di mano, perché è utilissimo in molte circostanze.
Un litigio, uno stress improvviso… blocca persino il sanguinamento di alcune piccole ferite.

2) Sono almeno cinque i fiori particolarmente indicati per la

tensione muscolare, ma anche altri sono di giovamento.
I due più utilizzati, soprattutto in caso di crampi mestruali, sono:
ROCK WATER e IMPATIENS.
Inoltre, VERVAIN, VINE e OAK aiutano le persone con rigidità interiori, ma non possiamo dimenticarci delle tensioni dovute alle paure, all'ansia, al continuo rimuginare... E qui l'elenco di rimedi si farebbe più lungo.

Ripeto: cercate di documentarvi di più, perché è un mondo MOLTO affascinante.

- Aromaterapia.

Sconsiglio vivamente l'assunzione orale degli oli essenziali;
a meno che non siano certificati e solo sotto il controllo di un esperto.

Sono potenti e alcuni di essi, al disopra di un preciso dosaggio, sono assolutamente tossici.
Altri possono talvolta provocare delle reazioni allergiche. Consiglio invece il loro uso nei diffusori per ambienti, una goccia sul guanciale e/o sul fazzoletto. Anche su questo argomento si potrebbe scrivere un libro a se stante. Nelle prime pagine, ho accennato all'importanza degli odori sul nostro sistema limbico e alla conseguente produzione di ormoni.
Grazie all'aromaterapia, noi possiamo indurre la produzione di ormoni miorilassanti come la serotonina (accade lo stesso quando mangiamo del buon cioccolato, ma annusare non fa ingrassare), l'ossitocina e le endorfine.
Vengono definiti anche ormoni dell'innamoramento. Nell'attesa di innamorarvi e con l'augurio di tutto

cuore che ciascuno possa innamorarsi di se stesso, i profumi di Madre Natura o la "Farmacia del Signore", come viene definita da un grande frate erborista, ci aiutano anche in questo nostro bisogno.
Avete mai passeggiato al tramonto in una zona di macchia mediterranea, d'estate?
La brezza della sera ci avvolge di profumi intensi.
Come vi siete sentiti in quel momento?
L'iperico, il mirto, l'alloro sprigionano le note calde delle loro essenze e, non so voi, ma io mi sento quasi sopraffatta dal godimento che provo.
Provate quest'esperienza e, quando state per andar via, ascoltate con attenzione la vostra muscolatura ...

Come già riportato nelle prime pagine: l'olio essenziale di *menta è un vero toccasana*.

Diluite 4 o 5 gocce in una bottiglietta di 100 ml, piena di olio
(di mandorle o anche d'oliva);
versate qualche goccia direttamente sulla parte dolorante e massaggiate dolcemente.
RIPETO E INSISTO: SE NON SIETE ALLERGICI.

Col diffusore per ambienti (in vendita in tutte le erboristerie e anche in molti negozi etnici), potrete sperimentare molte emozioni meravigliose del mondo olfattivo.
Con un minimo di esperienza, inizierete a scegliere l'essenza più adatta al momento.
Tutti gli insegnanti di aromaterapia consigliano di iniziare con l'olio essenziale di Arancio Dolce.
E' tra i più sicuri e stimola il bambino che è in noi.

Nelle mie lunghe ricerche, ho scoperto che l'essenza di ROSA è la più indicata per l'infiammazione del tessuto connettivo.
Consiglio anche la Vaniglia contro la frustrazione;
lo Ylang Ylang, che è molto rilassante;
la Lavanda, che concilia il sonno;
il Gelsomino (purtroppo è molto caro), che scioglie le paure e, meraviglia delle meraviglie (almeno per me), l'olio essenziale di NEROLI: sembra il profumo del paradiso; peccato che costi tanti soldi, ma li vale tutti.
Altro mondo da regalarsi.
SEMPRE CHE NON SIATE ALLERGICI.
Attenzione: a qualcuno dei vostri familiari potrebbe dare un po' noia un odore forte: iniziate solo con una goccia o due nel diffusore, lontano dai pasti.

Il profumo degli oli essenziali, come quelli dei bastoncini d'incenso, non si sposa bene con i profumi di cucina.

- Le otturazioni e l'occlusione dentaria.

Molte persone provano molto sollievo usando il byte di notte.
Il byte è una piccola protesi, non invasiva, che si applica sull'arcata inferiore (o superiore) dei denti, prima di andare a dormire.
Ci aiuta a evitare il bruxismo (digrignamento dei denti) anche di giorno perché rilassa, tra gli altri, il muscolo sternocleidomastoideo.
Quando questo muscolo è in tensione, sentiamo quei terribili cordoni durissimi ai lati del collo.
Lo sapete che i muscoli della masticazione sono in grado di esercitare una pressione che arriva fino a 400 KG?

Sono tra i muscoli più potenti del nostro corpo.
Esiste tutta una letteratura sulle conseguenze nocive delle vecchie amalgame dentarie, contenenti mercurio.
Diversi libri di naturopatia e altri, riportano casi di guarigioni che hanno del miracoloso, dopo la semplice sostituzione delle otturazioni incriminate: persone che si sono alzate dalla sedia e rotelle, altre che non hanno più avuto crisi epilettiche. E sono casi tutti clinicamente accertati.

Ricordiamoci che ogni essere umano reagisce in maniera diversa a qualsiasi tipo di sostanza.
Avrete sentito di casi di allergia stranissimi.
Pare che la medicina allopatica inizi a prendere in maggior considerazione l'importanza del fattore individuale.

Ho letto, anni fa, che alcune case farmaceutiche americane volevano mettere in commercio componenti chimiche in dosaggi leggermente diversi, a seconda del sesso del paziente.
Hanno riscontrato che uomini e donne non reagiscono allo stesso modo ai farmaci.
Finalmente, pare che anche la legislazione italiana abbia riconosciuto le richieste delle aziende farmaceutiche di diversificare i dosaggi.
Alle donne bastano dosaggi inferiori.

Attenzione: accertatevi che il vostro dentista conosca la giusta tecnica di rimozione, altrimenti si corre il rischio di peggiorare la situazione.

Quando si lavora con il vecchio tipo di otturazione, se il paziente non viene protetto con l'uso di una diga dentaria (e altri accorgimenti), il mercurio presente si diffonde in tutto il palato e viene ingerito, intossicando in maniera massiccia tutto l'organismo.
Per aiutare il vostro organismo a eliminare i residui, il giorno dell'intervento è bene assumere delle pastiglie di carbone;
e, per un paio di settimane, cercare di assumere pectina.
La pectina è presente soprattutto nelle mele, nel sidro (così difficile da trovare in Italia) e in diversi succhi di frutta.
Esiste anche un multivitaminico che lo comprende.
Chiedete consiglio al vostro farmacista di fiducia e accertatevi sempre di tollerare ogni sostanza, prima di assumerla, anche se indico sostanze del tutto naturali.

Quando il mio dentista ha rimosso le diverse amalgame,
nel giro di pochi giorni è sparito un gonfiore alle guance che esisteva da anni.
Inutile dirvi che questi suggerimenti sono un po' costosi. Consiglio comunque la sostituzione delle otturazioni nocive, perché è difficile guarire con qualcosa di tossico in bocca.
Per quanto concerne il byte, se volete potete provare prima il metodo che vi indicherò, prima di sobbarcarvi la spesa.

Qui termina la prima parte di questo libro.
Vi ho illustrato, come meglio ho potuto, le parti più "concrete" e pragmatiche dell'esperienza della fibromialgia.
I rimedi e i suggerimenti quotidiani.

Spero che, già questo, possa essere quantomeno di giovamento per ciascuno di voi.
Ora, per motivi profondamente personali, di credo, di concezione di vita e di disponibilità interiore, avviso che le seguenti pagine andranno a toccare altri argomenti.
Se vi urta prendere in considerazione gli aspetti più spirituali di voi stessi e della vita, vi saluto qui, vi ringrazio per aver condiviso quest'esperienza con me e vi auguro tutto il meglio.

Se invece vi sentite almeno un po' curiosi potremo, nelle prossime pagine, iniziare un percorso che aiuterà non solo i muscoli tesi e doloranti, ma molte altre sfere dell'esistenza.
La mia strada, il mio percorso verso la guarigione,
come quello di molte altre persone, mi ha condotta in questa direzione.

Per essere veramente onesta devo dirvi che, per me, è una continua scoperta di meraviglie e dà un significato straordinario alla propria esistenza.

Niente dogmi, perché il ricercatore vuole delle risposte.
Nessuna imposizione, perché il ricercatore vuole la libertà interiore.

Aspetto chi vuole saperne di più nella prossima pagina.

SECONDA PARTE

Vi ho appena illustrato la sintesi di una dozzina d'anni di ricerca personale sulla nostra amica fibromialgia.
Ho fatto anche ben altro: dal camminare sui carboni ardenti (lo consiglio a tutti: è un'esperienza straordinaria)
all'andare a Lourdes.
Tutte splendide esperienze che hanno senz'altro contribuito al miglioramento della mia situazione, ma che non posso indicare come strumenti di guarigione "specifici".
Ho assunto anche dei rimedi omeopatici, spagirici, floriterapici, integratori vari, oli essenziali, acque benedette e ho fatto la dieta del gruppo sanguigno, la cura del limone e la cura del sale dell'Himalaya.

Ho provato la terapia di Hammer e molte altre strade che non sto a elencarvi perché occuperebbero gran parte di questo libro.
Questo intenso "pellegrinaggio" mi ha ovviamente dato molto, sotto tanti punti di vista, ma non scongiurava definitivamente il dolore.
Sento però di dover dare questa indicazione.
Ve ne parlo, perché può essere un grande indicatore della fonte di alcuni problemi, anche fisici:
la conoscenza del proprio tema astrologico di nascita.
Per chi accetta l'idea, ribadisco che aiuta a capire molto su come somatizziamo i nostri malesseri.
Capire questo, è un'indicazione preziosa dalla quale partire.
L'astrologia -quella seria- è un ottimo strumento di conoscenza di se stessi e indica i nostri punti deboli.

Anche per quanto concerne la salute.
Il pianeta Marte, ad esempio, tra le alte cose, governa la muscolatura.
La posizione del mio Marte, al momento della mia nascita, indicava già possibili problemi.
Sono indicazioni importanti, dalle quali partire e sulle quali lavorare.
Anche l'astrologia è un mondo straordinario:
la studio da oltre venticinque anni e imparo ancora.
A certi livelli, assume la dignità di scienza.
Lo sapevate che in India esiste la cattedra di Astrologia all'università? Che appena nasce un bimbo si chiama l'astrologo e che molti datori di lavoro richiedono il tema il natale (tema astrologico di nascita) ai candidati, assieme ai loro curriculum?

La mentalità occidentale sente invece di dover snobbare oltre 5000 anni di studi e di esperienza.

Studio diverse discipline olistiche, religioni e filosofie.
In molte filosofie viene ribadito che la malattia è frutto di una disarmonia all'interno di noi stessi.
Altrimenti tutte le persone sottoposte alle stesse condizioni di vita reagirebbero allo stesso modo, quando sappiamo bene che non è così.
Qualcuno argomenta di genetica, altri di karma.

Ma persino il karma più pesante, esiste soltanto come strumento evolutivo e attende di essere superato.

L'eterno monito dell'evoluzione attraverso il dolore, anche fisico,

sembra una condanna che si protrae nei secoli.
Il malessere, il dolore, i problemi sono una manifestazione dell'immensa intelligenza universale.
La stessa immensa intelligenza che permette la sopravvivenza dei nostri corpi e che crea delle somatizzazioni per cercare di dialogare con noi.
La reazione più comune induce a pensare subito a una deficienza di qualche tipo, minerale, vitaminico o a un'intossicazione.
Si: tutto vero, ma c'è ancora molto di più.
L'intelligenza Cosmica cerca di dirci che c'è qualcosa che non va.
Che forse questa non è vita; che si può aspirare ad altro, che si può trovare la pace in se stessi e amarsi esattamente per come si è.

Oggi, una persona sta male.

Dopo un po' (a volte anche un BEL po') scopre che può solo intossicarsi a vita con gli antidolorifici.
Allora, forse, si ferma.
E si chiede quale sia la VERA via d'uscita.

Sì: sto iniziando a dirvi della parte più profonda del processo di guarigione dalla Fibromialgia.

Persino il medico più ortodosso, più galileiano, più rigido vi dirà, oggi, che spesso il problema nasce da un forte trauma, fisico e/o emotivo.

In un noto centro di reumatologia, dopo aver eseguito il test su punti precisi del corpo (e io provavo dolore in ciascuno di essi, indice di una patologia molto forte), la Dottoressa mi parlò del gruppo di training autogeno,

che dava buoni risultati per il rilassamento.
Devo confessarvi che, all'epoca, praticavo la meditazione da almeno vent'anni e neppure con questo valido aiuto riuscivo a superare tutto il dolore che provavo.
Riuscivo comunque a sorridere; a diminuire, lentamente ma costantemente, i dosaggi di antidolorifici. Ma stavo male.
Non avevo ancora centrato il problema.

Anzitutto, la malattia non va condannata.
E' un occasione per guarire il proprio corpo, ma soprattutto la propria anima.
C'è Qualcosa, in noi che qualcuno chiama "Guardiano della Soglia".

Un'energia, una parte di se stessi che è
lì per farti capire se stai andando nella
giusta direzione;
che può indicarti anche di tornare
indietro, per guarire quel che hai
lasciato in sospeso;
oppure di recuperare parti di te
sofferenti e trascurate.
Può essere molto severo, sebbene poi
abbia scoperto di essere io per prima,
ad essere molto severa con me stessa.
E il mio caro guardiano non poteva
mica deludermi coll'essere più
tollerante di me.
Sempre proiezioni di noi stessi;
ovunque.

E' possibile sentirsi smarriti, a questo
punto. Se non si ha esperienza in
questo tipo di ricerca interiore,
così ampio, tutto ciò può sembrare
un'impresa titanica, irraggiungibile.
Confesso: è un'impresa titanica.

Ma i progressi e i miglioramenti arrivano davvero per chiunque abbia un po' di buona volontà e sia disposto a essere veramente sincero con se stesso.

Dopo i primi passi, quasi tutti desiderano proseguire il proprio cammino personale, perché è il viaggio più straordinario che si possa compiere.

Ma, prima ancora d'iniziare, è doveroso ribadire il concetto di ACCETTAZIONE.
Prendete coscienza del problema o dei problemi che si sono presentati sul vostro cammino. Niente è un caso.
Per "materializzare" alcuni di essi in una malattia, ad esempio, il vostro inconscio ha impiegato anni.
Il problema è un segnale prezioso.

Esiste perché vuole indicare qualcosa di importante. Accettiamolo e chiediamogli dove vuole portarci.
Una malattia (o qualsiasi altra esperienza difficile) ci porta a vivere situazioni che altrimenti non vivremmo. Paradossalmente, secondo alcuni, può persino proteggerci da problemi più grossi.
Secondo un'ottica più ampia, non sappiamo mai, in realtà, quale sia il nostro bene più grande o assoluto. Quel che pare una disgrazia oggi può essere la nostra più grande risorsa domani.
Nel momento in cui accettiamo veramente la situazione in cui ci troviamo, smettiamo di porre resistenza;
la stessa resistenza che ha peggiorato la situazione.
Lottare contro il problema, significa lottare contro se stessi.

Accettando, permettiamo alle stesse energie di iniziare a lavorare per noi in positivo.

Ora, con calma e fiducia

INIZIAMO I PRIMI PASSI:

- Comincia a perdonarti, qualsiasi cosa tu abbia fatto.

Se puoi rimediare in qualsiasi modo, trattandosi di un'azione grave contro un'altra persona o situazione, fallo subito.
Chiedi perdono; se ti è possibile, di persona.
Se non è possibile, chiedi perdono attraverso la preghiera. Tutto è collegato in questo universo e si può agire su molti piani.
Per chi avesse dei problemi a confrontarsi con il concetto di

preghiera o di Dio, suggerisco la visualizzazione.
E', sono, argomenti vastissimi e vale proprio la pena di approfondire. Comunque, per semplificare e sintetizzare, diciamo che la visualizzazione è un modo per usare coscientemente e volontariamente il nostro immenso potere mentale.
Usarlo in positivo aiuta a generare delle situazioni positive. Persino la persona più scettica non può fare a meno di confermare che ogni azione nasce da un'idea, da un pensiero.
Nel momento in cui decidiamo di governare meglio i nostri pensieri, iniziamo a prendere in mano le redini della nostra vita.

Non perdonare o non essere capaci di chiedere perdono, significa permettere all'altro di continuare a

farci del male o di continuare a vivere con i sensi di colpa.
La colpa: che meccanismo auto penalizzante!
Ovviamente, se ti senti in colpa, devi pagare in qualche modo.
Persino le persone che sembrano più refrattarie, le più (apparentemente) insensibili ed egoiste vivono, in maniera ben nascosta, queste emozioni.
Quando c'è qualcosa di sospeso con qualche persona, con qualche situazione, la mente torna spesso su quel punto;
e si riproverà -anche se solo in parte- lo stesso dolore, la stessa rabbia e lo stesso rancore.

Tutto questo è puro veleno, in ogni ambito della vita.
Questi veleni oscurano la mente; la ingombrano, impegnando energie e spazi che potremmo dedicare a cose

positive e costruttive, per noi stessi e per i nostri cari.
Alcune filosofie e religioni le definiscono i veleni dell'anima.

Qui cito Louise Hay, grande pioniera del pensiero positivo, guarita da un cancro senza terapia allopatiche e ancora in splendida forma oggi ad oltre ottant'anni:

Io mi perdono per non essermi comportata come avrei voluto comportarmi;
mi perdono, mi benedico con infinito amore e mi libero!

Siamo noi i primi a doverci perdonare.
Se ci sentiamo in colpa, attiriamo persone e situazioni che ci faranno sentire sempre più in colpa.
E' la legge della risonanza.

Attiriamo ciò che nell'Universo vibra alla stessa nostra frequenza.

E' difficilissimo essere totalmente puri di pensiero e di cuore;
anzi, finché siamo incarnati su questa terra, almeno qualche piccolo o grande difetto lo abbiamo praticamente tutti.
Qualcuno dice che serve da ancoraggio alla terra, altrimenti voleremmo via come degli angioletti...
Invece, abbiamo sempre una gran quantità di fardelli di cui liberarci, per iniziare a camminare gioiosi verso il tipo di vita che abbiamo sempre desiderato.

Anche se si pensa di non credere nei vecchi dogmi
-ecclesiastici, sociali, morali, familiari-
ne siamo comunque talmente intrisi, persino a livello di memoria genetica,

che ne siamo inevitabilmente influenzati.
Nel momento in cui ne prendiamo coscienza, iniziamo a padroneggiare molti dei meccanismi della nostra vita.

Il senso di colpa è un'emozione autodistruttiva e consciamente, ma soprattutto inconsciamente,
ci porta ad auto procurarci **dolore**.
Il dolore dell'espiazione.

Perdonare se stessi, anche se non ci sente all'altezza di fare tutto quello che ci viene chiesto di fare o perché non facciamo abbastanza, è già un primo, grande passo.

A chi ha subito violenze, ingiustizie, maltrattamenti viene spesso instillato il senso di colpa dal proprio persecutore come ulteriore mezzo di dominio e,

purtroppo, anche il nostro inconscio crede a questa menzogna terribile.
E si addossa il nuovo, pesante, fardello.
Le cose accadono per i motivi più impensabili.
Non è sempre e necessariamente il nostro karma, come non è sempre dovuto totalmente a noi, quel che ci arriva.
Esistono molte sfumature in questo immenso Universo.

Quindi: perdoniamoci e cerchiamo di perdonare, almeno a distanza, per sentirci più liberi e soprattutto per non correre il rischio di adottare i meccanismi della classica vittima.

Solitamente, le esperienze che più lasciano il segno sono quelle di quando si è bambini, perché non si è grado di difendersi e non si hanno i mezzi per fronteggiare le situazioni.

Non possiamo accusarci per quel che ci è accaduto durante l'infanzia ma, oggi che siamo grandi, prendiamo per mano il nostro bambino interiore, rassicuriamolo e colmiamolo dell'amore che gli è mancato.

COME FARE L'ESERCIZIO DEL PERDONO.

Per prima cosa, occorre saper praticare la meditazione.
La pratica quotidiana, anche solo per dieci minuti al giorno,
è un aiuto inestimabile.
Troverete ogni sorta di libro, di cd ed altro, sull'argomento.
E' comunque semplice e probabilmente l'avrete già fatto senza rendervene conto.

Avete mai osservato un bellissimo tramonto in silenzio? Sentivate, in quel

momento, che esistevate solo voi e i vostri pensieri che scorrevano lievi ?
E' lì che dovete tornare, a quella sensazione, a quella pienezza interiore che avete avvertito in quel momento.
Quel momento in cui riuscivate a sentirvi collegati in qualche modo al Tutto, in pace.
Per tornare a quella condizione a casa vostra, posso consigliarvi, per le prime volte, di ascoltare delle meditazioni guidate.
Potrete trovarne molte, anche gratuite, su youtube.
La voce che conduce, facilita il rilassamento.
Sedetevi, cercate di respirare lentamente, possibilmente a livello addominale e lasciatevi trasportare.

I benefici fisici, mentali e spirituali della meditazione sono moltissimi e sentirete i miglioramenti da subito.

Dopo un breve periodo di meditazione, comunque sarete voi i primi a sentire quando siete pronti :passate all'esercizio del perdono.

Entrate in meditazione e cercate di visualizzare la persona che volete perdonare; se ne vedete un'altra, significa che c'è più urgenza di perdonare la persona che vedete, che non quella che avevate in mente prima di iniziare.

Osservatela e ripetete la frase del perdono tratta dall'opera di Louise Hay:
Io ti perdono per non esserti comportato/a come io avrei voluto ti comportassi, ti perdono, ti benedico, ti libero e mi libero.

Talvolta, può essere difficile riuscire a farlo subito.
Se incontrate molte resistenze, andate al
SECONDO PASSO:

SFOGARE LA RABBIA.

La rabbia è un'emozione assolutamente lecita. Se utilizzata bene e sublimata, può diventare una forza.
Va sfogata, altrimenti ci ribolle dentro e crea molti danni.

- Esercizio di base generico: spaccare vecchi piatti o altre cianfrusaglie.
Lanciarle con forza per terra.
Ovviamente quando non c'è nessuno in casa.
OH che liberazione... come ci si sente meglio subito!

Poi... Sempre nella quiete della solitudine e con le finestre chiuse... Urlare... Urlare... Urlare!

Oppure:

- Prendere carta e penna e scrivere tutto quello che vi passa per la testa: parolacce, insulti, offese;
e poi, dopo aver riletto il tutto, strappare i fogli in tanti pezzettini e, chiedendo l'aiuto Divino, affermare che tutto ciò in quel preciso momento sia trasformato in :

LUCE, AMORE e SALUTE.

Oppure:

- Uscire, correre, zappare la terra; cercando ovviamente di non incontrare nessuno.
Ecco un altro passo fondamentale.

Fermatevi e ascoltatevi.
Vi sentite già meglio, vero?

Oppure:

Tutte queste cose, nella sequenza che preferite...

TERZO PASSO:

- Scusatemi... Vi sembrerà da manualetto da due soldi di psicologia, ma vi garantisco che anche questo ha un ruolo molto importante nella tensione muscolare:

OCCORRE GUARIRE I PROPRI RAPPORTI CON I GENITORI.

Sono e rimangono una parte di noi stessi. Persino il nostro concetto di Dio è influenzato dal tipo di rapporto che abbiamo avuto con i nostri genitori.

Rappresentano e plasmano le basi delle nostre energie maschili e femminili.
Ed è fondamentale trovare il giusto equilibrio tra queste due forze.
Se non vi è possibile chiarire dei sospesi con loro di persona,
potete farlo rivolgendovi, in preghiera, al loro Sé Superiore.

Il Sé Superiore è la parte più spirituale dell'essere umano;
che, ovviamente, permane anche dopo la morte. Dialogando da anima a anima -perché anche voi dovete chiedere al vostro Sé Superiore di agire per vostro conto-
si possono sciogliere i nodi più complicati e dolorosi.
A volte, in pochi attimi.

Se li frequentate abitualmente, invece, cercate di comprendere che anche

loro sono state vittime inconsapevoli di meccanismi assurdi.
Lasciate che la loro vecchiaia vi intenerisca e vi permetta di vederli per ciò che realmente sono:
due anime in pellegrinaggio, come voi.
Hanno tentato di fare del loro meglio; hanno sbagliato, hanno fatto tante cose meravigliose.
Hanno fatto; e non fatto.
Comunque sia stato, anche questo vi ha portati a essere le persone che siete oggi: persone capaci di ricercare l'essenza della vita.
Nel bene e nel male, è anche merito loro; e tutto ciò è già un dono meraviglioso di per sé.

Non sono solo i nostri genitori: sono una parte di noi e contengono in loro la forza infinita degli archetipi.

Rappresentano le forze ancestrali, la forza vitale che ha permesso a noi di giungere fin qui.
Non si può andare in alto, senza radici.

Forse qualcuno sentirà il bisogno di qualche incontro con un psicologo; se è bravo, non ne occorreranno molti.
Qualcun'altro dirà che i suoi rapporti con i genitori sono splendidi.
Nel caso di un fibromialgico, qualche piccolo sospeso solitamente esiste.

QUARTO PASSO:

L'AMORE PER SE STESSI.

Quando non ci si ama, si è sempre un po' in tensione.
La tensione è dovuta al fatto che si cerca sempre di accontentare tutti (per cercare la conferma del loro amore) e di non essere abbandonati;

oppure per non venire maltrattati.
Le sfumature sono infinite e possono riguardare alcuni settori della vita anziché altri...
Ma in fondo in fondo...
La tensione resta molto alta, perché sempre protesa verso un riconoscimento, una conferma o una manifestazione d'amore.
Quanto è faticoso vivere in questo modo!
E' un affanno continuo!

Quando invece si inizia ad accettarsi per quel che si è, per come si è, e si trovano le tante meraviglie che sono dentro ciascuno di noi -e magari anche la forza di portarle in manifestazione, anche a rischio di disorientare chi ci è vicino- allora la vita cambia.
Nutriamo finalmente il giusto rispetto per noi stessi e non abbiamo più

l'affanno della continua dipendenza da altri per cercare di colmare il vuoto affettivo che sentiamo dentro.

Ogni essere umano al mondo ha bisogno di amore; e chi non lo trova dentro di sé e nelle persone che ha vicino,
si ammala in qualche modo.
Amore inteso, ovviamente, come il desiderio del bene dell'altro; altrimenti si può cadere in forme distruttive.

I primi anni mi chiedevo cosa significasse esattamente amarmi.
Cercavo di vestirmi bene, di profumarmi, di approfondire le mie conoscenze, di non farmi più calpestare dai parenti e dai conoscenti di turno.
Cercavo di apprezzare le mie qualità…
Ma era solo l'inizio.

Amarsi è sentire quanto si è preziosi nel disegno infinito della vita, sentire quanto è straordinaria la nostra essenza.
Ovviamente, non mi sento ancora così sempre,tutto il giorno e per tutti i giorni, ma l'importante è cercare di sentirlo spesso.

QUINTO PASSO:
PONETEVI LE SEGUENTI DOMANDE.

Le domande che seguono possono sembrare un po' folli, ma si riferiscono a situazioni che accadono molto più spesso di quel che solitamente si immagina.

- Avete mai temuto di morire o di essere uccisi?

Pensateci bene.

Molto bene, prima di passare oltre.
Gli errori medici non sono infrequenti, purtroppo; come non sono così rari gli scatti improvvisi d'ira della gente per strada.

Una paura simile -così potente, perché sposa il concetto di morte- ha ripercussioni molto profonde a diversi livelli.
Già iniziare a prenderne coscienza, significa liberarsi di un'angoscia terribile.
Una paura così, può atrofizzare.
Se la risposta è si, cercate una figura o un metodo che possa aiutarvi a elaborare e sciogliere la paura.

- Avete mai temuto di poter uccidere qualcuno?

Potete anche dirmi che sono pazza ma, in tutta onestà,

nel silenzio del vostro cuore: non vi è mai capitato di trovarvi di fronte a una persona talmente... Talmente............
Da farvi perdere il lume della ragione? Non vi hanno mai fatto qualcosa di veramente grave, oltraggioso, magari solo per pura cattiveria, senza nemmeno un tornaconto personale di alcun tipo?
E' assolutamente umano, provare il desiderio di ripulire il mondo da certe presenze.
Lo sforzo che avete, che abbiamo fatto, per trattenerci,
è stato tale che si è fossilizzato nei muscoli.
Troviamo una soluzione: l'uccisione virtuale è pienamente consentita. Prendete un cuscino e visualizzate la faccia della persona e cercando di non farvi male... riempitela di botte. Non vergognatevi, quando vi sentirete rinati.

- Avete una gran paura della prossima domanda, vero?
Coraggio, va affrontata:

Avete mai pensato di farla finita?

Provare un dolore così immenso da non riuscire a sopportarlo e non trovare in quel momento un appiglio che vi permettesse di andare avanti?
Può succedere a chiunque.
L'importante è continuare a cercare la bellezza della vita e l'importanza della nostra presenza su questo pianeta.

Se, purtroppo, questo pensiero continua ad accompagnarvi,
vi prego di cercare ogni forma di aiuto.
Se una parte di noi vuole andarsene, o si rifugia altrove, gran parte della nostra energia vitale la segue.

Quel che rimane di noi qui, si sente sempre esausto e depauperato.
Gli sciamani praticano da millenni la "Caccia all'Anima".
E' una meditazione, un rituale che permette di andare a cercare quella parte di noi che è rimasta cristallizzata in qualche dimensione, perché incapace di reagire in quel momento alla nostra disperazione.
Abbiamo bisogno di ogni parte di noi stessi, per fronteggiare al meglio l'esistenza.
Se avete l'impressione di aver perso una parte di voi stessi, oggi troverete - anche in rete- alcuni operatori sciamanici in grado di aiutarvi.
Mi dispiace se tutto ciò può sembrare un po' scioccante per alcuni, ma il mal di vivere può essere oltremodo potente.

L'importante è sapere che esistono delle soluzioni e che, con un po' di buona volontà, si può fare molto. Moltissimo.

Sono stata dura.
Ma queste domande sono molto importanti, perché rappresentano dei cardini sui quali si sviluppano un gran numero di disagi profondi che, se non affrontati,
si cristallizzano nel corpo.

SESTO PASSO:
ABBIATE LA CERTEZZA ASSOLUTA CHE DALLA FIBROMIALGIA SI GUARISCE.

Ciò che ho creato, posso dissolvere. Forse ci vorrà un po' di tempo; forse rimarrò stupito di fronte alle tante false credenze che nutrivo su me stesso e sul mio mondo; forse abbraccerò nuove credenze…

Ma, sicuramente, miglioro.
Forse proverò dei momenti di stanchezza, perché una ricaduta mi sembrerà un segnale di fallimento: **NO** .

Una ricaduta ogni tanto, durante il processo, spesso può significare che si è fatto centro e che le resistenze interiori cercano ancora di ribellarsi.
L'inconscio, sebbene sappia di soffrire, non ama i cambiamenti.
Perché -comunque- seppur soffrendo, è sicuro di riuscire a vivere.
Di continuare a vivere.
Il cambiamento innesca diverse paure inconsce.
Non avvilitevi: una ricaduta, di tanto in tanto, è una crisi di guarigione.

Non prefiggetevi dei tempi o dei modi precisi, per guarire:

la nostra intelligenza cosciente non è ampia quanto quella inconscia ed emotiva.
Godetevi ogni piccolo miglioramento, siate grati e festeggiate.
Piansi di gioia, la prima volta che riuscii a lavare un pavimento senza dovermi fermare più volte.
Sono assolutamente certa che si può riuscire a liberarsi dal dolore e a rinascere danzante,
nel flusso di questa incredibile vita.
……………………………….

Il lavoro su di sé non ha mai fine, perché siamo esseri infiniti in continua evoluzione.
Mi sono limitata a riportare i primi, minimi e indispensabili spunti dai quali partire per arrivare alla guarigione, della fibromialgia, in particolare.

Ma, spero di tutto cuore che vi aiutino a ritrovare la meraviglia che è in ciascuno di voi. E a viverla.

BUONA GUARIGIONE A TUTTI !!!

Se desiderate approfondire alcune tematiche spirituali, troverete altre indicazioni sul mio sito:

www.cominciodame.it

Inoltre, sul sito www.lulu.com troverete in vendita il mio primo libro:

Abbecedario Esoterico – che è scritto proprio per i neofiti,
sia in versione cartacea che come e-book

e il mio secondo libro:

Risparmia fatica, guadagna vita – scritto per alleviare a livello pratico e quotidiano la fatica, anche fisica. Anch'esso, sia in versione cartacea che come e-book.

www.ingramcontent.com/pod-product-compliance
Lightning Source LLC
Chambersburg PA
CBHW072216170526
45158CB00002BA/627